STRAWBERRY!

STRAWBERRY!

STRAWBERRY!

고아라

식생활문화를 전공으로 대학원 시절을 보내던 어느 여름 날, 프라푸치노라는 음료 한 잔에 매료되어 문득 미국이라는 나라가 궁금해 무작정 뉴욕으로 떠났다. 2년간 뉴욕에서 식문화를 배우고 체험하며 음료에 대한 다양한 경험을 쌓았다. 이후 SPC그룹 특채로 입사해 10년간 음료 개발자로 일하며 대중에게 사랑받는 수많은 음료를 개발했다. 스타벅스 음료 개발자로 마지막 회사 생활을 마무리한 후 '도쿄빙수'를 창업해 토마토 빙수 신드롬을 일으키며 큰 성공을 거뒀고, 2017년에 론칭한 브랜드 '너의 요구'로 그릭요거트 시장의 성장에도 이바지했다. 현재는 이 두 개의 브랜드를 운영하며 기업 메뉴 컨설팅과 자문, 원료를 개발하고 상품화하는 B2B 사업까지 병행하고 있다. 저서로는 『더 에센셜: 작은 카페를 위한 필수 음료 가이드 북』이 있다.

@dolce_unni

STRAWBERRY!

카페 매출을 올릴 수 있는 트렌디한 딸기 음료 레시피 32

초판 1쇄 인쇄 2024년 11월 20일
초판 1쇄 발행 2024년 12월 5일

지은이 고아라 | **펴낸이** 박윤선 | **발행처** (주)더테이블

기획·편집 박윤선 | **교정·교열** 김영란 | **디자인** 김보라 | **사진** 박성영 | **스타일링** 이화영
영업·마케팅 김남권, 문성빈 | **경영지원** 김효선, 이정민

주소 경기도 부천시 조마루로385번길 122 삼보테크노타워 2002호
홈페이지 www.icoxpublish.com | **쇼핑몰** www.baek2.kr (백두도서쇼핑몰) | **인스타그램** @thetable_book
이메일 thetable_book@naver.com | **전화** 032) 674-5685 | **팩스** 032) 676-5685
등록 2022년 8월 4일 제 386-2022-000050 호 | **ISBN** 979-11-92855-15-8 (13590)

CAFE BEVERAGE SERIES ②

STRAWBERRY!

카페 매출을 올릴 수 있는 트렌디한 딸기 음료 레시피 32

고아라 지음

Basket

저자의 말

스무 살 여름 생에 처음으로 맛본 녹차 프라푸치노는 정말 끝내주는 맛이었습니다. 당시 '스타벅스'는 지금처럼 대중에게 각인된 브랜드는 아니었기에, 시간이 지나면서도 녹차 프라푸치노의 맛만 기억에 남았습니다. 그렇게 한동안은 처음 생긴 스타벅스 1호점에서 맛본 그 음료에 푹 빠져 지냈고, 문득 녹차 프라푸치노를 만든 나라가 궁금해졌습니다. 미국 스타벅스에는 더 맛있는 음료가 있는지, 그 나라의 카페 분위기는 어떤지에 대해 관심이 생기기 시작했고, 그렇게 저는 음료 한 잔의 강렬한 인상 하나로 미국이라는 나라로 훌쩍 떠나게 되었습니다.

뉴욕에서의 2년 동안 가고 싶은, 가봤던, 가봐야 할 카페를 구분하여 다이어리에 적어 하나씩 방문하며 카페에 온전히 빠지는 시간을 보냈습니다. 규모가 크고 화려한 카페도 많았지만 저는 동네의 작은 카페를 특히 좋아했습니다. 어떤 날은 빨래를 기다리며 마신 드립 커피와 모양이 삐뚤빼뚤한 비스코티 한 조각이 위로되었고, 청소를 하다가 창문을 열면 원두 볶는 향이 폴폴 풍기는 집 앞 카페의 따뜻함도 좋았습니다. 큰 카페가 아닌 작은 카페가 고객에게 기억될 수 있는 이유는 그만의 독창성, 따뜻함, 친절함, 소담함 때문이라는 것을 이때 알게 된 것 같습니다.

마치 카페와 저는 뗄 수 없는 사이처럼 우리는 그렇게 꼭 붙어 다녔고, 그렇게 2년의 시간이 지나 한국으로 돌아와 SPC 그룹의 음료 개발자로 일을 시작하게 되었습니다.

음료를 먹어본 경험은 많았지만 음료를 개발하는 것은 낯설었던 저는 음료에 들어가는 원료 하나하나를 공부하고 기억하는 것부터 시작했습니다. 지방 함량에 따른 우유, 로스팅 정도에 따른 원두, 각각의 향에 따른 시럽, 입자에 따른 파우더, 물성에 따른 소스, 음료에서 사용되는 여러 가지 과일과 초콜릿 등 원재료를 완전히 이해하기 위해 직접 먹어보고 섞어보며 조합하는 작업은 계속되었습니다. 트렌드를 빠르게 파악하여 음료를 기획하고, 많은 점포가 동일한 맛을 낼 수 있도록 원료를 제작하며, 그 원료로 어울리는 음료를 개발하는 일을 하면서 어느덧 10년 차에 접어들었습니다.

SPC 그룹(파리바게뜨, 던킨도너츠, 배스킨라빈스, 쉐이크쉑, 잠바주스 등) 안에서의 경험은 어떤 음료든 만들어 낼 수 있는 감각과 능력을 키워주었습니다. 퇴사 전 마지막으로 맡았던 업무는 미국 쉐이크쉑(SHAKE SHACK)을 한국에 세팅하는 일이었는데, 제가 맡은 파트는 음료 파트로 커피, 밀크셰이크, 레몬에이드, 티 음료, 아이스크림 등을 한국에 도입하는 일이었습니다. TFT(Task Force Team)에 합류해 뉴욕 쉐이크쉑 본사에서 회의를 하고 있으니 10년 전 뉴욕에 도착해 처음 먹었던 쉐이크쉑 버거가 생각나 감회가 새로웠습니다.

음료 개발자로 꼭 일해보고 싶었던 스타벅스에서 근무하던 중, 문득 나만의 브랜드를 갖고 싶다는 생각이 들었습니다. 그리고 진정한 소비자의 목소리를 듣기 위해 오너의 입맛이 아닌 현장의 목소리를 직접 듣고 싶다는 생각이 들었습니다. 그렇게 저는 27세에 시작한 회사 생활을 마무리하고 '무식하면 용감하다'는 말을 실천하듯 창업 시장에 뛰어들었습니다. 낯설지만 동네가 꼭 마음에 들었던 망원동에 저의 첫 가게인 '도쿄 빙수'를 열었습니다. 7평 남짓한 작은 매장에서 정말 큰 인기를 얻었던 메뉴는 '토마토 빙수'였는데 어렸을 때 엄마가 만들어준 토마토 설탕 절임을 모티브로 만든 메뉴였습니다. 부드럽게 간 얼음에 달콤한 연유와 토마토 소스를 올리고 후추를 살짝 뿌려 마무리한 이 빙수는 그해 큰 인기를 끌어 기쁘기도 했지만, 한편으로는 대기업, 소기업 할 것 없이 무분별하게 카피 제품 또한 많이 생기면서 착잡한 마음이 들기도 했습니다.

도쿄 빙수의 시작과 그 과정을 모두 자세히 이야기할 수는 없지만 그때의 감정만 떠올리자면 시작하는 순간부터 지금까지 설렘, 기쁨, 두려움, 무서움, 기대감이 매 순간 함께 했던 것 같습니다.

음료를 기획하고 개발하는 일을 한지 어느덧 18년의 세월이 지나고 있지만 늘 트렌드에 민감해야 하고 새로운 원료에 촉각을 세워야 하는 일이라 아직도 봄, 여름, 가을, 겨울 어느 계절 하나 여유 있게 보내지는 못합니다. 기획한 음료가 경쟁사에서 먼저 출시되면 아쉬움이 크고, 출시한 음료의 반응이 좋지 않으면 절망감을 느끼기도 합니다. 항상 다른 사람보다 트렌드를 빠르게 파악하고 메뉴를 출시해야 하는 것이 몸에 배어 있어 혼자 카페를 가도 메뉴 3~4개는 기본으로 먹어보고, 원료나 기계를 사서 테스트해보는 데 시간이나 돈을 아끼지 않습니다.

올해 여름, 미국에서 한 달간 여행하며 요즘 유행하는 다양한 음료를 접해본 경험은 제게 큰 의미가 있었습니다. 동부에서의 유학 경험은 있었지만, 서부는 처음이었기에 충분히 새로운 경험이 되었습니다. 특히 LA에 있는 Erewhon Market에서 만난 '헤일리 비버'라는 딸기 스무디는 정말 기억에 남는데요. 가격이 19달러라는 점에 놀랐지만, 고급스러운 비주얼과 대중적이지 않은 건강한 재료로 만든 스무디가 어떻게 사람들에게 매력적으로 다가가는지 배울 수 있는 좋은 경험이었습니다. 고가의 기능성 스무디부터 딸기잼과 소프트 머랭이 가득 올려진 저가의 밀크 셰이크, 딸기 콩포트가 들어간 호지차 등 누구에게나 친숙한 과일을 각자 메뉴와 어울리게 소화하고 있는 음료들을 보며 스스

로에게 자극이 되었고, 머무는 내내 많은 배움으로 기억에 남았습니다.

이번 가을, 저의 첫 번째 책 작은 카페 사장님들을 위한 음료 메뉴 지침서『더 에센셜: 작은 카페를 위한 필수 음료 가이드 북』이 출간되었습니다. 그리고 겨울 시즌 카페 음료 매출의 절반 이상을 차지하는 딸기 음료의 중요성을 파악하고 오롯이 딸기 레시피만을 담은 두 번째 책까지 작업하게 되었습니다.

딸기는 11월부터 5월까지 볼 수 있는 과일인데요, 11월은 가격이 높아 12월부터 4월까지의 겨울딸기가 카페 음료로 활용하기에 좋습니다. 이 책은 생딸기를 사용하는 가장 기본의 음료부터 딸기 베이스 음료, 비주얼과 트렌드를 반영한 음료들을 다양하게 소개하고 있습니다. 카페에서 딸기 시즌을 맞이할 때, 이 책이 메뉴 구성에 실질적인 도움이 되기를 바라며 작업에 임했습니다.

이 책은 주스, 스무디, 라테, 에이드, 알코올 음료까지 각 카테고리에 해당하는 다양한 음료들을 다루었습니다. 카페를 운영하거나 언젠가 카페를 꿈꾸는 분들에게 이 책이 유익한 자료가 되기를 바랍니다. 특히 음료를 만드는 과정에서 얻은 작은 팁들은 메뉴를 개발하는 데 있어 큰 도움이 될 것이라 생각합니다.

늘 바쁘게 살아가는 저를 도와주고 응원해 주는 세상에서 가장 사랑하는 나의 엄마, 아빠 사랑합니다. 자식들을 위해 늘 기도해 주시는 김송수 목사님, 문강남 사모님 감사드립니다. 멋진 엄마로 성장할 수 있도록 동기를 주는 두 딸, 서진과 서하. 늘 고맙고 사랑합니다. 10년간 일한 회사를 퇴사한다고 할 때도, 새롭고 낯선 길을 처음 가겠다고 할 때도, 늘 믿어주고 옆에서 응원해주는 남편 성론에게도 고마움을 전하고 싶습니다. 그리고 책 출간이라는 낯설고 어렵게 보이기만 했던 일을 잘 기획해주고 손잡아 이끌어준 박윤선 대표님께도 감사의 말을 전합니다. 이번 미국 출장길에 많은 것을 보여주고 카페 투어를 도와준 Alex와 진희. 함께해주어 고맙습니다. 인생이라는 낯선 길에 늘 함께 해주고 나를 자랑스럽게 여겨주는 나의 오랜 친구들 혜진, 지혜, 다혜, 인혜, 은경, 태진, 승현, 범중에게도 감사의 말을 전합니다. 오래 만났든 짧게 만났든 지금 이 순간 각자의 영역에서 열심히 활동하고 있는 동기들, 스태프들, 친구들, 가족들 모두 고맙습니다.

마지막으로 어딘가에서 이 책을 읽고 계실 현재와 미래의 카페 사장님들께도 응원의 용기를 보냅니다. 사장님들의 열정이 이 책을 통해 작은 도움이 되기를 바라겠습니다.

2024년 가을의 끝자락에서
저자 **고아라**

CONTENTS

Fresh Strawberry | 생딸기 음료

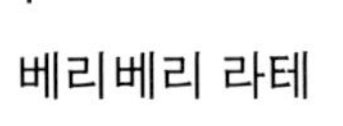

Juice / Smoothie | 주스 / 스무디

Sparkling / Tea | 스파클링 / 티 음료

Latte | 라테

Alcohol | 알코올 음료

◆ 딸기 음료의 매력

딸기는 남녀노소 모두에게 사랑받는 과일로 예쁜 색상과 달콤한 향, 부드러운 과육 덕분에 카페에서도 매우 인기 있는 재료입니다. 특히 11월부터 5월까지 판매 기간이 길어 다양한 메뉴에 활용할 수 있는 장점이 있습니다. 11월에 처음 나오는 딸기는 가격이 비싸지만, 12월 말부터는 상대적으로 합리적인 가격에 사용할 수 있습니다. 1~2월에는 개인 카페와 프랜차이즈 카페에서 딸기 음료 홍보물을 쉽게 볼 수 있습니다. 1월부터 4월 사이에 생딸기를 사용하면 가격과 맛이 좋으므로 음료로 만들어 보기를 추천합니다. 그 외의 기간에는 잘 만들어진 딸기 베이스를 사용하는 것이 좋습니다.

◆ 계절별 신선한 딸기 고르는 법과 재료 보관법

딸기는 씻어서 보관하면 물러질 수 있으므로 통풍이 잘되는 용기에 담아 냉장 보관하는 것이 좋습니다. 보관할 때는 키친 타올로 덮어 냉기가 바로 들어오는 것을 보호하면 더 오랫동안 신선하게 유지할 수 있습니다. 보관 중 하나의 딸기가 물러지거나 곰팡이가 생기면 다른 딸기에도 영향을 미칠 수 있으므로 걸러내는 것이 좋습니다. 사용하다 남은 딸기는 딸기 콩포트를 만들거나 잘 씻어서 냉동 보관하는 것이 효율적입니다.

◆ 딸기 음료의 맛을 극대화하는 팁

딸기는 있는 그대로 음료에 사용해도 좋지만, 몇 가지 팁을 활용하면 더욱 맛있게 즐길 수 있습니다.

① 꿀, 설탕, 연유 등을 추가하여 단맛을 높일 수 있습니다.

② 적당한 당도와 산미를 더하면 딸기 음료를 더욱 맛있게 즐길 수 있습니다.
레몬은 딸기의 맛을 부각시켜 주기 때문에 딸기 주스나 음료에 넣는 것이 좋습니다.

③ 딸기는 유제품, 탄산수, 주스와의 조합이 잘 어울려 음료에 사용하기 편리합니다.

* 무엇보다도 생딸기를 사용할 때 가장 중요한 것은 신선하고 당도가 높은 것을 사용하는 것입니다.

이 팁들을 참고해 만든다면 더욱 맛있는 딸기 음료를 즐길 수 있습니다.

Fresh Strawberry

생딸기 음료

1

Very Berry Latte

베리베리 라테

생딸기 라테는 카페에서 아메리카노에 이어 많은 고객들이 선호하는 인기 음료입니다. 신선한 생딸기를 으깨고 설탕, 레몬즙을 더해 만든 베이스에 부드러운 우유를 섞으면 달콤하고 크리미한 맛이 완성됩니다.

POINT

- 딸기 시즌은 11월 말부터 5월까지로, 11월부터 시작되지만 가격이 높기 때문에 카페에서 사용할 때는 12월 중순 정도가 적당합니다.
- 생딸기를 이용해 베이스를 만들 때는 설탕과 레몬즙을 넣어 새콤달콤한 비율을 맞출 수 있습니다.
- 딸기 베이스에 우유 대신 코코넛 밀크, 아몬드 음료, 두유 등의 대체 음료를 넣어도 좋습니다.

Ingredients

수제 딸기 베이스★

딸기	150g
설탕	40g
레몬즙	10g

베리베리 라테

라즈 퐁당 (딜라잇가든, 프룻스타)	20g
얼음	180g
우유	120g
수제 딸기 베이스★	100g

❖ 딜라잇가든 프룻스타 딸기청, 마법의 딸기 딸기청 등 기성 베이스를 사용할 경우 1잔당 80~100g을 사용한다.

Recipe

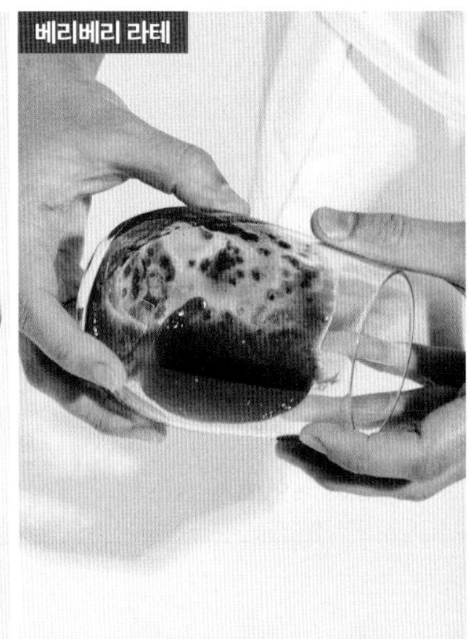

1.

딸기, 설탕, 레몬즙을 블렌더로 갈아 수제 딸기 베이스를 만든다.

- 생딸기를 구하기 힘든 경우 딜라잇가든 냉동 가당 딸기로 대체할 수 있다.
- 딸기 과육이 어느 정도 씹히는 질감을 원한다면 입자감이 있는 상태로 마무리하고, 과육이 씹히지 않는 깔끔한 질감을 원한다면 곱게 갈아 마무리한다.

2.

라즈 퐁당을 컵에 담고 컵을 돌려가며 가장자리에 묻힌다.

- 딸기 라테에 라즈 퐁당을 첨가하면 딸기의 맛과 풍미를 끌어올리고 색도 더 쨍하게 표현할 수 있다.

ICE ONLY
420g (14oz)

3.

얼음을 가득 넣는다.

4.

우유를 넣는다.

5.

수제 딸기 베이스를 넣는다.

- 생딸기 조각 또는 허브류 등으로 장식해 마무리한다.

2

Fresh Strawberry Juice

생딸기 주스

딸기 시즌에 가장 많이 판매되는 주스 중 하나입니다.
진한 핑크색이 아름답고, 새콤달콤한 맛이 조화롭게 어우러져
부드러운 텍스처가 매력적인 주스입니다.

POINT

- 생딸기의 상큼함은 시즌인 11월 말부터 5월까지 즐길 수 있으며, 설탕과 레몬즙을 적절히 사용하여 맛의 편차를 줄일 수 있습니다.
- 블렌더에 딸기를 갈 때 약간의 수분이 필요합니다. 이때 물 대신 사과 주스를 넣으면 잘 갈리기도 하고, 새콤한 맛까지 더해져 좋습니다.
- 시럽이나 설탕의 양은 과일의 당도에 따라 조절할 수 있습니다.

Ingredients

딸기	150g
사과 주스(말리)	70g
시럽	30g
얼음	70g

❖ 시럽은 설탕과 물을 1:1 비율로 녹여 사용한다.

❖ 여기에서는 말리 사과 주스를 사용했지만 다른 브랜드로 대체해도 좋다.

ICE ONLY
360g (12oz)

Recipe

1.

딸기, 사과 주스, 시럽을 넣고
블렌더로 갈아 주스를 만든다.

2.

컵에 얼음을 가득 넣는다.

3.

주스를 넣는다.

3

Avocado Berry Berry

아보카도 베리베리

아보카도는 딸기와 훌륭한 궁합을 이루는 바나나와 유사한 부드러운 텍스처를 지닌 재료입니다. 이 부드러운 질감이 딸기와 잘 어우러져 시각적으로도 매력적인 음료를 만들어냅니다.

POINT

- 생아보카도를 사용하면 좋지만, 후숙이나 관리가 어려운 경우에는 일정한 맛을 유지하기 위해 냉동 아보카도를 사용하는 것이 좋습니다.
- 냉동 아보카도를 블렌딩할 때 우유나 만능밀크장(우유+연유) 같은 유제품과 함께 사용하면 아보카도 특유의 풋내와 쓴맛을 줄일 수 있습니다.
- 투톤 음료를 만들 때는 무거운 재료를 아래에 두고, 비중이 가벼운 재료를 위에 올려야 합니다. 딸기 주스의 함량을 높이고 싶다면 딸기 주스를 아래에 놓으면 됩니다.

Ingredients

아보카도 스무디★

냉동 아보카도(딜라잇가든)	40g
우유	100g
연유	30g

아보카도 베리베리

얼음	150g
아보카도 스무디★	120g
딸기 주스★	70g

딸기 주스★

딸기	50g
사과 주스(말리)	25g
시럽	10g

❖ 시럽은 설탕과 물을 1:1 비율로 녹여 사용한다.

❖ 여기에서는 말리 사과 주스를 사용했지만 다른 브랜드로 대체해도 좋다.

Recipe

아보카도 스무디

1.

냉동 아보카도, 우유, 연유를
블렌더로 갈아
아보카도 스무디를 만든다.

딸기 주스

2.

딸기, 사과 주스, 시럽을 블렌더로 갈아
딸기 주스를 만든다.

아보카도 베리베리

3.

컵에 얼음을 가득 넣는다.

4.

아보카도 스무디를 넣는다.

5.

딸기 주스를 넣는다.

4

Citrus Fresh Strawberry

시트러스 생딸기

투톤 주스는 한쪽은 달콤하고, 다른 쪽은 새콤하게 만드는 것이 특징입니다.
달콤한 딸기 베이스 위에 신선한 오렌지를 착즙해 올리면,
빨대로 마실 때 달콤함과 새콤함이 조화를 이루어 독특한 맛을 선사합니다.

POINT

- 오렌지를 착즙할 때 액상만 넣으면 색상이 흐려지고 양이 적을 수 있으므로, 액상과 부드러운 펄프를 함께 넣는 것이 좋습니다.
- 딸기 주스를 만들 때는 원물에 따라 당도가 달라지므로, 달지 않은 딸기를 사용할 경우 설탕이나 꿀, 시럽 등 당을 추가로 첨가하는 것이 좋습니다.
- 딸기 주스와 오렌지 주스의 비율을 잘 맞추면 더욱 맛있게 즐길 수 있습니다.

Ingredients

딸기 베이스★

딸기	70g
레몬즙	5g
설탕	20g

시트러스 생딸기

딸기 베이스★	70g
얼음	150g
오렌지 착즙	100g

Recipe

1.

딸기, 레몬즙, 설탕을 블렌더로 갈아 딸기 베이스를 만든다.

2.

컵에 딸기 베이스를 넣는다.

3.

얼음을 가득 넣는다.

4.

착즙한 오렌지 즙을 넣는다.

5

Strawberry Sparkling

딸기 스파클링

달콤한 딸기와 탄산이 어우러져 상큼하고 청량감 넘치는 음료입니다.
탄산의 톡톡 튀는 느낌이 기분까지 상쾌하게 만들어줍니다.

POINT

- 딸기는 발효되면 산도가 높아져 새콤한 맛과 톡톡 튀는 청량감을 제공합니다. 생딸기를 이용해 베이스를 만든 후 탄산을 추가하면 신선한 딸기 에이드를 만들 수 있습니다.

- 탄산수는 당도가 없기 때문에 딸기 베이스의 당도가 낮으면 맛이 싱겁게 느껴질 수 있습니다. 따라서 에이드는 당도와 산도를 잘 맞춰야 맛있게 즐길 수 있습니다.

Ingredients

딸기 베이스★

딸기	150g
설탕	40g
레몬즙	10g

딸기 스파클링

딸기 베이스★	100g
시럽	10g
라즈 퐁당 (딜라잇가든, 프룻스타)	10g
얼음	180g
탄산수	190g

❖ 시럽은 설탕과 물을 1:1 비율로 녹여 사용한다.

❖ 라즈 퐁당이 없다면 생략해도 좋다.

Recipe

1.

딸기, 설탕, 레몬즙을 블렌더로 갈아 딸기 베이스를 만든다.

- 생딸기를 구하기 힘든 경우 딜라잇가든 냉동 가당 딸기로 대체할 수 있다.
- 딸기 과육이 어느 정도 씹히는 질감을 원한다면 입자감이 있는 상태로 마무리하고, 과육이 씹히지 않는 깔끔한 질감을 원한다면 곱게 갈아 마무리한다.

2.

컵에 딸기 베이스, 시럽, 라즈 퐁당을 넣는다.

3.

얼음을 가득 넣는다.

4.

탄산수를 넣는다.

5.

층이 나눠진 상태로 제공하거나,
거품기로 고르게 섞어 제공한다.

6

Cococo Strawberry

코코코 딸기

코코넛은 호불호가 갈리는 재료이지만, 마니아층이 두터운 메뉴이기도 합니다.
코코넛 밀크의 부드러움이 딸기 주스와 어우러져 진하고 풍미 가득한
딸기 라테가 만들어집니다. 제가 손꼽아 추천하는 메뉴 중 하나입니다.

POINT

- 코코넛 밀크를 그대로 사용하면 너무 묵직하고 느끼할 수 있으므로, 우유와 섞어 목넘김이 좋게 만들어주는 것이 좋습니다.
- 투톤 음료를 만들 때는 무거운 재료를 아래에 두고, 비중이 가벼운 재료를 위에 올려야 합니다. 딸기 주스의 함량을 높이고 싶다면 딸기 주스를 아래에 놓으시면 됩니다.

Ingredients

딸기 베이스★

딸기	150g
설탕	40g
레몬즙	10g

코코코 딸기

코코넛 밀크 (허니트리, 비코 리치)	50g
우유	50g
얼음	150g
딸기 베이스★	120g

Recipe

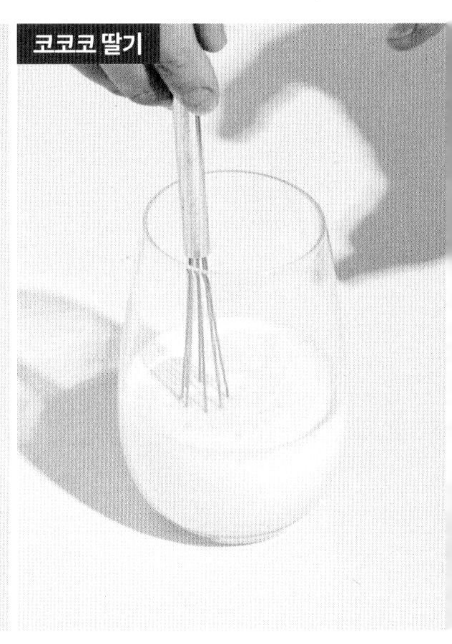

1.

딸기, 설탕, 레몬즙을 블렌더로 갈아 딸기 베이스를 만든다.

- 생딸기를 구하기 힘든 경우 딜라잇가든 냉동 가당 딸기로 대체할 수 있다.
- 딸기 과육이 어느 정도 씹히는 질감을 원한다면 입자감이 있는 상태로 마무리하고, 과육이 씹히지 않는 깔끔한 질감을 원한다면 곱게 갈아 마무리한다.

2.

컵에 코코넛 밀크와 우유를 넣고 거품기로 섞는다.

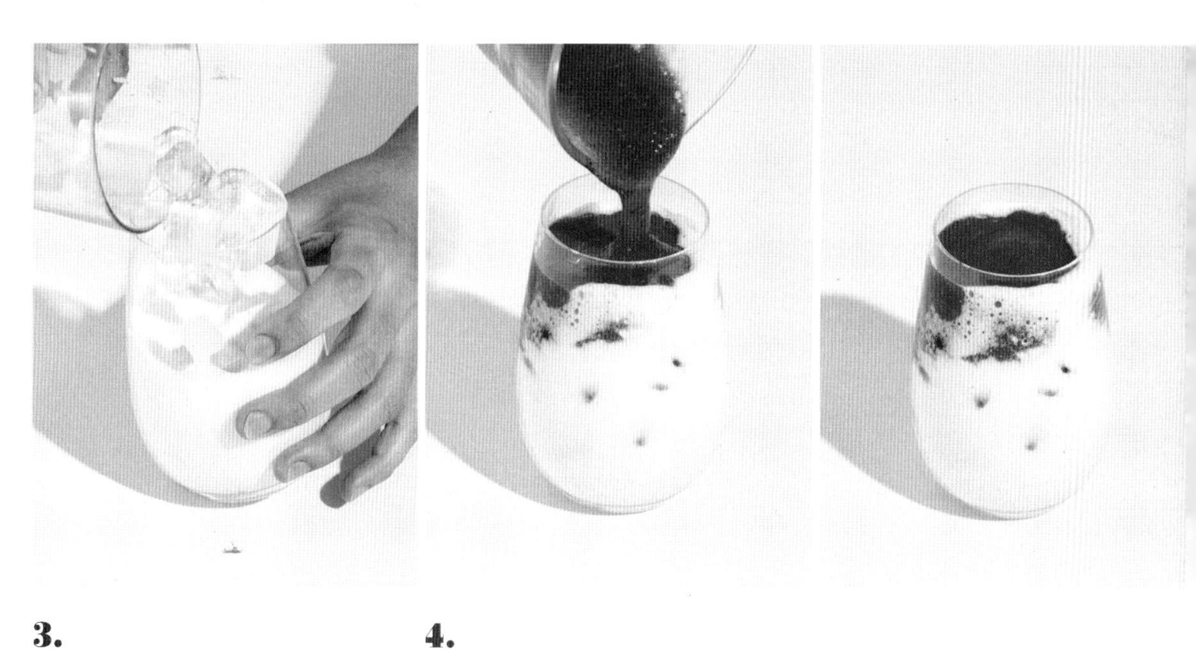

3.

얼음을 가득 넣는다.

4.

딸기 베이스를 넣는다.

7

Fresh Strawberry Milk Parfait

생딸기 밀크 파르페

신선한 생딸기가 가득 담긴 비주얼로 눈과 입이 모두 즐거운 메뉴.
부드러운 음료와 시원한 아이스크림, 달콤한 생크림이 어우러져 다채로운 맛을 선사합니다.
한 입 한 입, 새로운 맛의 재미를 느낄 수 있는 특별한 음료입니다.

POINT

- 딸기 베이스는 얼음 대신 냉동 딸기를 사용해 차가운 스무디 형태로 만들어줍니다.
- 요거트 파우더 5g을 추가하면 더욱 상큼하게 즐길 수 있습니다.
- 아이스크림은 소프트 아이스크림이 가장 좋지만, 일반 아이스크림을 스쿱으로 떠서 사용해도 괜찮습니다.
- 본 레시피에서는 기성품 크림(스프레이형)을 사용했지만, 맛이나 모양이 덜할 수 있습니다. 따라서 동물성 생크림과 설탕을 10:1의 비율로 휘핑해 짤주머니에 담아 올리면 맛이 더 좋습니다.

Ingredients

딸기 스무디★

냉동 딸기	130g
우유	120g
연유	50g
얼음	30g

생딸기 밀크 파르페

딸기 스무디★	230g
휘핑크림 (메글레 동물성 스프레이)	20g
슬라이스 딸기	40g
딸기 아이스크림 (나뚜루 스트로베리)	50g
토핑용 딸기	50g
슈거파우더	적당량

Recipe

딸기 스무디

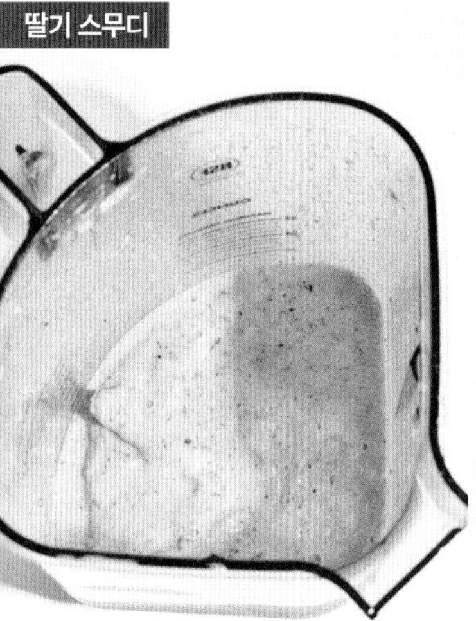

1.

블렌더에 냉동 딸기, 우유, 연유, 얼음을 넣고 갈아 딸기 스무디를 만든다.

생딸기 밀크 파르페

2.

컵에 딸기 스무디를 담고 휘핑크림을 올린다.

● 여기에서는 편의를 위해 스프레이 휘핑크림을 사용했지만 일반 생크림을 휘핑해 사용하면 더 맛있게 완성할 수 있다.

3.

슬라이스 딸기를 컵 가장자리에 두른다.

4.

딸기 아이스크림을 중앙에
2스쿱 올린다.

5.

토핑용 딸기를 절반으로 잘라 올린다.

6.

슈거파우더를 뿌린다.

8

Fresh Strawberry Drinking Yogurt

생딸기 드링킹 요거트

플레인 요거트는 새콤하면서도 부드러운 분유 같은 맛을 가지고 있습니다.
여기에 생딸기 베이스를 추가하면 새로운 매력을 지닌 메뉴로 변신합니다.

POINT

- 이 메뉴는 시중에서 판매되는 딸기 드링킹 요거트의 프리미엄 버전입니다.
- 원물을 넣어 만든 리얼 드링킹 요거트로, 간편하게 만들 수 있으면서도 차별화된 맛을 느낄 수 있습니다.
- 플레인 요거트는 떠먹는 타입이 아닌, 마시는 타입의 드링킹 요거트를 사용합니다.

Ingredients

딸기 베이스★

딸기	150g
설탕	40g
레몬즙	10g

생딸기 드링킹 요거트

얼음	180g
드링킹 요거트 (동원, 덴마크 드링킹 요구르트)	160g
딸기 베이스★	70g

Recipe

1.

딸기, 설탕, 레몬즙을 블렌더로 갈아 딸기 베이스를 만든다.

- 생딸기를 구하기 힘든 경우 딜라잇가든 냉동 가당 딸기로 대체할 수 있다.
- 딸기 과육이 어느 정도 씹히는 질감을 원한다면 입자감이 있는 상태로 마무리하고, 과육이 씹히지 않는 깔끔한 질감을 원한다면 곱게 갈아 마무리한다.

2.

컵에 얼음을 가득 넣는다.

3.

드링킹 요거트를 넣는다.

4.

딸기 베이스를 넣는다.

9

Fresh Strawberry Cheese Greek Yogurt

생딸기 치즈 그릭 요거트

그릭 요거트 전문점을 기획했을 때 가장 인기 있었던 제품으로, 꾸덕한 그릭 요거트 볼에 상큼한 딸기와 그래놀라를 곁들여 간단한 한 끼 식사 대용으로 만든 제품입니다. 포만감이 높아 아침이나 점심 메뉴로 좋습니다.

POINT

- 그릭 요거트는 원가가 비싼 재료이므로, 100g 정도 사용하는 것이 적당합니다.
- 그래놀라를 넣은 채로 오랫동안 보관하면 눅눅해질 수 있으므로, 쇼케이스에 보관할 경우 그래놀라는 별도로 두는 것이 좋습니다.
- 산딸기 콩포트를 추가하면 포인트가 되고, 더욱 상큼한 맛으로 즐길 수 있습니다.

Ingredients

그릭 요거트	100g
꿀	20g
그래놀라	30g
딸기	3~4알
블루베리	2알
샤인 머스캣	2알
큐브 치즈	3개
라즈 퐁당 (딜라잇가든, 프룻스타)	10g

Recipe

1.

컵에 그릭 요거트 1/2을 넣고
꿀 1/3을 뿌린다.

2.

그래놀라와 반으로 자른 딸기 2조각을
넣는다.

3.

남은 그릭 요거트를 모두 넣고
남은 꿀 절반을 뿌린다.

4.

블루베리, 남은 딸기 조각, 샤인머스캣,
큐브 치즈를 올리고 남은 꿀을 뿌린다.

5.

라즈 퐁당을 넣는다.

10

Fresh Strawberry Acai Bowl

생딸기 아사이볼

아사이 스무디 위에 딸기를 얹어 먹는 메뉴. 아몬드 음료가 들어가 단맛이 적고 건강한 한끼로 먹을 수 있는 포만감 높은 메뉴입니다.

POINT

- '아사이'는 파우더나 냉동 퓌레로 사용하고, 블루베리나 딸기와 같은 베리류와 함께 블렌딩합니다.
- 땅콩버터는 호불호가 갈릴 수 있으며, 알레르기 반응을 일으킬 수 있으므로 고객의 취향에 따라 옵션으로 선택할 수 있게 하는 것이 좋습니다.
- 이 스무디는 묽은 형태가 아닌, 뻑뻑하고 단단한 질감이 특징입니다. 다른 스무디보다 블렌더에서 잘 갈리지 않으므로, 저속으로 여러 번 갈아줍니다.

Ingredients

아사이베리 스무디★

아몬드 음료 (그린 덴마크)	50~70g
냉동 딸기	100g
냉동 블루베리	20g
아사이베리(냉동 퓌레)	50g
바나나	50g
땅콩버터	10g
플레인 요거트	50g
꿀	10g

❖ 아몬드 음료는 취향(또는 원하는 묽기)에 따라 가감해 사용한다.

❖ 아사이는 냉동 퓌레의 경우 50g, 파우더의 경우 10g을 사용한다.

생딸기 아사이볼

땅콩버터 (컵에 바르는 용도)	10g
아사이베리 스무디★	200g
치아씨드 베이스	5~10g
그래놀라	30g
딸기	2알
바나나	30g
블루베리	3~4알

❖ 치아씨드 베이스는 코코넛 밀크 40g에 치아씨드 1g을 불린 것을 5~10g 사용한다.

Recipe

1.

블렌더에 아몬드 음료, 냉동 딸기, 블루베리, 아사이베리, 바나나, 땅콩버터, 플레인 요거트, 꿀을 넣고 갈아 아사이베리 스무디를 만든다.

2.

스패출러를 이용해 컵 안쪽에 땅콩버터를 바른다.

3.

아사이베리 스무디를 컵의 2/3 정도 담는다.

4.

치아씨드와 그래놀라 절반을 넣는다.

5.

남은 아사이베리 스무디를 넣는다.

6.

남은 그래놀라와 딸기, 바나나,
블루베리를 올린다.

Juice/ Smoothie

주스 / 스무디

11

Strawberry Banana Smoothie

딸기 바나나 스무디

흔히 '딸바(딸기바나나)'라고 불리는 딸기 바나나 스무디는 부드럽고 시원하게 즐길 수 있는 음료로, 상큼함보다는 부드러운 달콤함이 돋보이는 음료입니다.

POINT

- 얼음 대신 냉동 딸기를 사용하여 음료를 차갑게 만들어 줍니다.
- 바나나의 관리가 어렵다면 냉동 바나나를 사용해도 괜찮습니다.
- 좀 더 새콤하거나 진한 맛을 원한다면 냉동 라즈베리 5-10g 정도를 추가해 블렌딩합니다.

Ingredients

냉동 딸기	130g
우유	120g
연유	50g
바나나	40g
얼음	50g

Recipe

1.

블렌더에 냉동 딸기, 우유, 연유, 바나나,
얼음을 넣고 갈아 스무디를 만든다.

2.

컵에 스무디를 담는다.

OREO

12

Strawberry Oreo Chocolate Smoothie

딸기 오레오 초코 스무디

달콤함을 선호하는 고객들의 인기 메뉴인 초코 스무디에
상큼한 딸기와 달콤한 오레오가 어우러져, 씹는 재미와 시각적인 매력을
모두 느낄 수 있는 음료입니다.

POINT

- 레시피에 사용되는 오레오의 양은 고객의 취향에 따라 옵션으로 조절할 수 있으며, 오레오 분태를 사용하면 더욱 편리합니다.
- 초코 스무디는 평소 사용하던 초콜릿 파우더나 초코 소스를 사용해도 좋습니다.
- 기존에 판매하던 초코 스무디가 있다면, 여기에 오레오나 딸기 베이스를 추가하여 변형해도 좋습니다.
- 딸기 베이스에 라즈베리 베이스를 조금 더 섞으면 풍미가 더욱 풍부해집니다.

Ingredients

오레오 스무디★

코코아 파우더(스위스미스)	40g
우유	100g
오레오	2개
얼음	200g

딸기 오레오 초코 스무디

딸기청(딜라잇가든, 프룻스타)	20g
오레오 스무디★	전량
라즈 퐁당(딜라잇가든, 프룻스타)	5g
토핑용 오레오	1개
오레오 분태	10g

Recipe

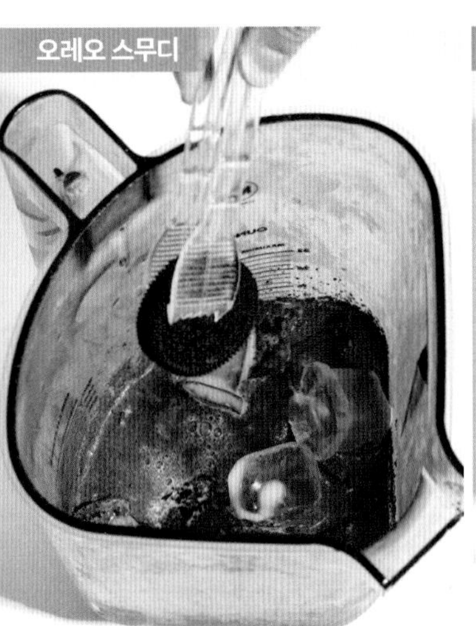

오레오 스무디

딸기 오레오 초코 스무디

1.

블렌더에 코코아 파우더,
우유, 오레오, 얼음을 넣고 갈아
오레오 스무디를 만든다.

2.

컵에 딸기청을 넣는다.

3.

오레오 스무디를 넣는다.

ICE ONLY
480g (16oz)

4.

라즈 퐁당을 올린다.

5.

토핑용 오레오를 절반으로 잘라 올린 후
오레오 분태를 뿌린다.

13

Strawberry Hot & Iced Chocolate

딸기 핫 & 아이스 초콜릿

베리류와 초콜릿은 훌륭한 조합을 이루는 재료입니다.
달콤하고 진한 초콜릿 음료에 상큼한 베리류가 들어가면 단맛의 강도가 덜 느껴지고,
음료의 맛에 재미를 더할 수 있습니다.

POINT

- 시럽의 산도에 따라 다르지만, 산도가 있는 시럽과 우유가 만날 경우 뭉침 현상이 발생할 수 있습니다. 사용하는 딸기 시럽이 우유와 만나 뭉치는 현상이 생긴다면 저지방이나 무지방 우유를 사용합니다.
- 파우더는 잘 녹여 사용해야 입에 남지 않고 목넘김이 좋은 음료로 즐길 수 있습니다.
- 딸기 시럽 외에도 라즈베리, 체리 등의 베리류 시럽을 사용해도 좋습니다.

딸기 핫 초콜릿

Ingredients

초콜릿 베이스★

우유	200g
코코아 파우더(스위스미스)	25g

딸기 초콜릿(hot)

초콜릿 베이스★	전량
딸기 시럽(1883)	20g
토핑용 코코아 파우더	적당량

Recipe

초콜릿 베이스

1.

우유에 코코아 파우더를 넣고 스티밍한다.

딸기 초콜릿(hot)

2.

컵에 스티밍한 따뜻한 초콜릿 베이스를 넣는다.

3.

딸기 시럽을 넣는다.

HOT
390g (13oz)

4.

코코아 파우더를 뿌린다.

딸기 아이스 초콜릿

Ingredients

초콜릿 베이스★

뜨거운 물	20g
코코아 파우더(스위스미스)	30g

딸기 초콜릿(ice)

얼음	180g
우유	170g
딸기 시럽(1883)	25g
초콜릿 베이스★	전량

Recipe

1.

뜨거운 물에 코코아 파우더를 넣고 섞어 초콜릿 베이스를 만든다.

2.

컵에 얼음을 가득 넣는다.

3.

우유를 넣는다.

4.

딸기 시럽을 넣는다.

5.

초콜릿 베이스를 넣는다.

6.

거품기로 섞는다.

14

Strawberry Yogurt Blended

딸기 요거트 블랜디드

딸기 스무디에 플레인 요거트와 라즈베리 베이스를 넣어 부드러운 요거트 맛과 상큼한 라즈베리의 조화가 어우러진 비주얼과 맛이 좋은 음료입니다.

POINT

- 스무디는 냉동 과일과 부재료를 블렌더에 갈아 만든 음료로, 원하는 질감을 얻기 위해 냉동 과일의 양이나 액체 재료(우유)의 양을 조절할 수 있습니다.
- 요거트 파우더 5~10g을 추가하면 요거트 맛이 더욱 풍부해집니다.

Ingredients

냉동 딸기	130g
우유	120g
연유	50g
얼음	50g
플레인 요거트	50g
라즈 퐁당 (딜라잇가든, 프룻스타)	10g

Recipe

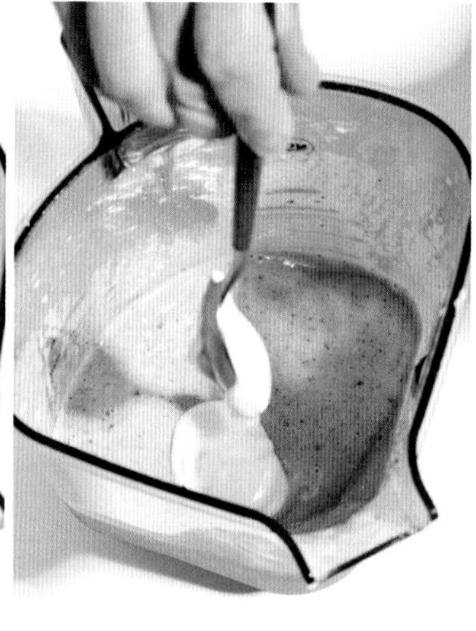

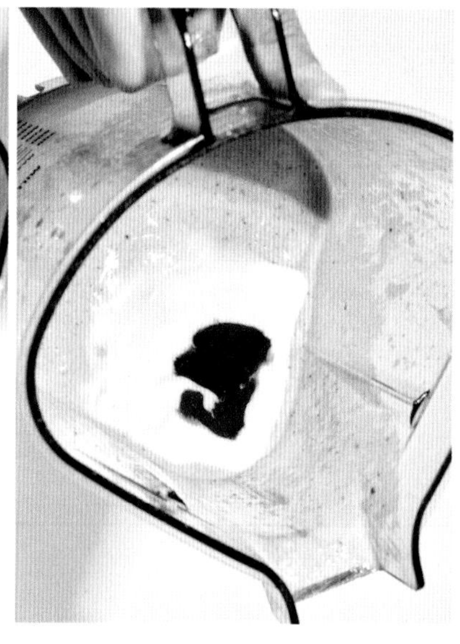

1.

블렌더에 냉동 딸기, 우유, 연유, 얼음을 넣고 갈아준다.

2.

플레인 요거트와 라즈 퐁당을 넣는다.

3.

블렌더 안에서 마블링이 생길 때까지 가볍게 흔들어준다.

- 스월링(손목을 이용해 가볍게 돌리기)한 후 컵에 부으면 마블 형태로 컵에 담을 수 있다.

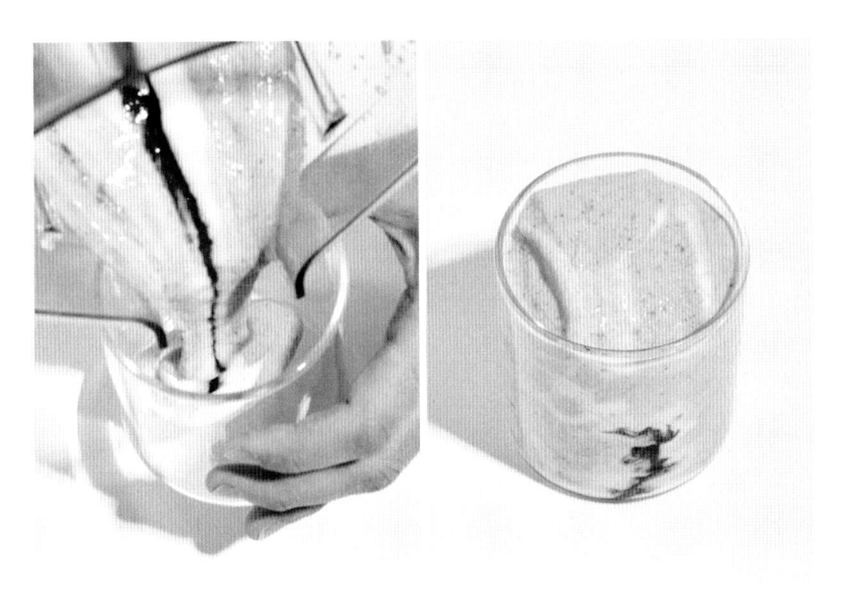

4.

컵에 마블링을 잘 살려 넣는다.

15

Strawberry Jam Crumble

딸기 잼 크럼블

시원한 스무디에 쫀쫀한 딸기 잼을 넣고,
딸기 잼이 있는 크럼블 과자와 곁들여 먹는 메뉴.
씹히는 식감이 매력적입니다.

POINT

- 본 레시피에서는 기성품 크림(스프레이형)을 사용했지만, 맛이나 모양이 덜할 수 있습니다. 따라서 동물성 생크림과 설탕을 10:1의 비율로 휘핑해 짤주머니에 담아 올리면 맛이 더 좋습니다.
- 위에 올리는 딸기 잼은 라즈베리나 다른 베리류 시럽 또는 잼으로 대체할 수 있습니다.
- 쿠키는 가성비 좋은 딸기 잼 쿠키를 사용하거나, 시중에 판매되는 쿠키 또는 직접 만든 쿠키로 대체해도 좋습니다.

Ingredients

딸기 베이스(옵션 1)

냉동 딸기	130g
우유	120g
연유	50g
얼음	50g

딸기 베이스(옵션 2)

냉동 딸기	120g
만능밀크장(돌체마켓)	80g
우유	50g
얼음	30g

라즈 퐁당(딜라잇가든, 프룻스타)	30g
생크림	20g
딸기 쿠키 (삼립, 잼있는 미니 딸기 쿠키)	1개
토핑용 라즈 퐁당 (딜라잇가든, 프룻스타)	적당량

Recipe

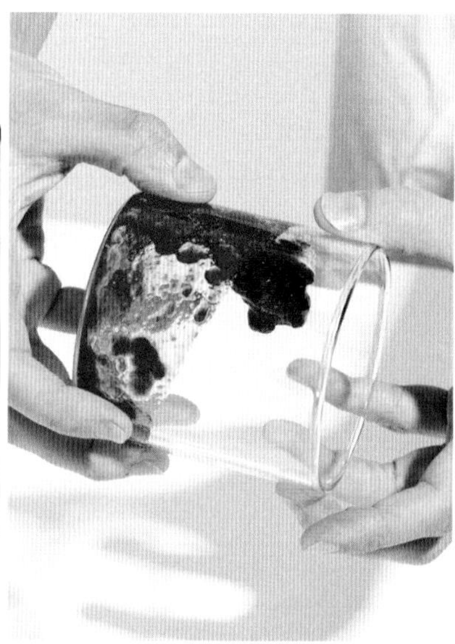

1.

블렌더에 냉동 딸기, 우유,
연유, 얼음을 넣고 갈아
딸기 베이스를 만든다.

- 딸기 베이스 옵션 1과 2중에
  선택해 사용한다.

2.

라즈 퐁당을 컵에 담고 돌려가며
가장자리에 묻힌다.

3.

딸기 베이스를 넣는다.

ICE ONLY
480g (16oz)

4.

생크림을 올린다.

5.

딸기 쿠키를 잘라 올린다.

6.

라즈 퐁당을 뿌린다.

16

Superman

슈퍼맨

미국 에렌홈 마켓에서 한화 약 3만원에 판매되는
헤일린 비버 스무디를 참고하여 만든 메뉴.
건강에 좋은 재료가 많이 들어가면서 맛도 좋은 음료입니다.

POINT

- 코코넛 밀크를 컵에 발라주면 비주얼이 돋보이는데, 실온의 코코넛 밀크보다 냉장고에 보관한 후 사용해야 컵에 바른 형태가 잘 유지됩니다.
- 대추야자가 들어가 기존의 핑크빛 딸기 스무디보다 색상이 톤다운된 핑크 음료입니다. 대추야자가 잘 갈리지 않을 경우, 물에 조금 불려 사용합니다.
- 들어가는 시럽은 바닐라 시럽, 메이플 시럽, 꿀 등으로 대체할 수 있습니다.

Ingredients

냉동 딸기	70g	대추야자	1개
아몬드 음료	100g	바닐라빈 시럽(돌체 마켓, 라라)	20g
냉동 아보카도(딜라잇가든)	30g	코코넛 밀크(차오코)	20g
바나나	50g	라즈 퐁당	20g
얼음	50g		

❖ 대추야자가 없는 경우 생략해도 좋다.

Recipe

1.

냉동 딸기, 아몬드 음료, 냉동 아보카도, 바나나, 얼음, 대추야자, 바닐라빈 시럽을 넣고 갈아준다.

2.

컵 가장자리에 코코넛 밀크를 흘려 넣는다.

3.

라즈 퐁당을 넣는다.

4.

갈아둔 1을 넣는다.

17

Dolce Strawberry Smoothie

돌체 딸기 스무디

우리가 익숙하게 먹는 딸기 우유 스무디의 업그레이드 버전.
딸기와 우유, 연유가 만나 달콤하고 부드러운 맛을 느낄 수 있는 음료입니다.

POINT

- 만능밀크징을 우유+연유(1:1 동량으로 섞어 반는 것)로 대체할 경우 동량으로 사용합니다.
- 스무디의 물성은 냉동 딸기와 우유의 비율로 조절할 수 있습니다.
- 가장 기본이 되는 스무디이므로, 다양한 과일이나 부재료를 추가하면 색다른 스무디로 즐길 수 있습니다.

Ingredients

냉동 딸기	120g
우유	50g
만능밀크장(돌체마켓)	80 g
얼음	30g

ICE ONLY
300g (10oz)

Recipe

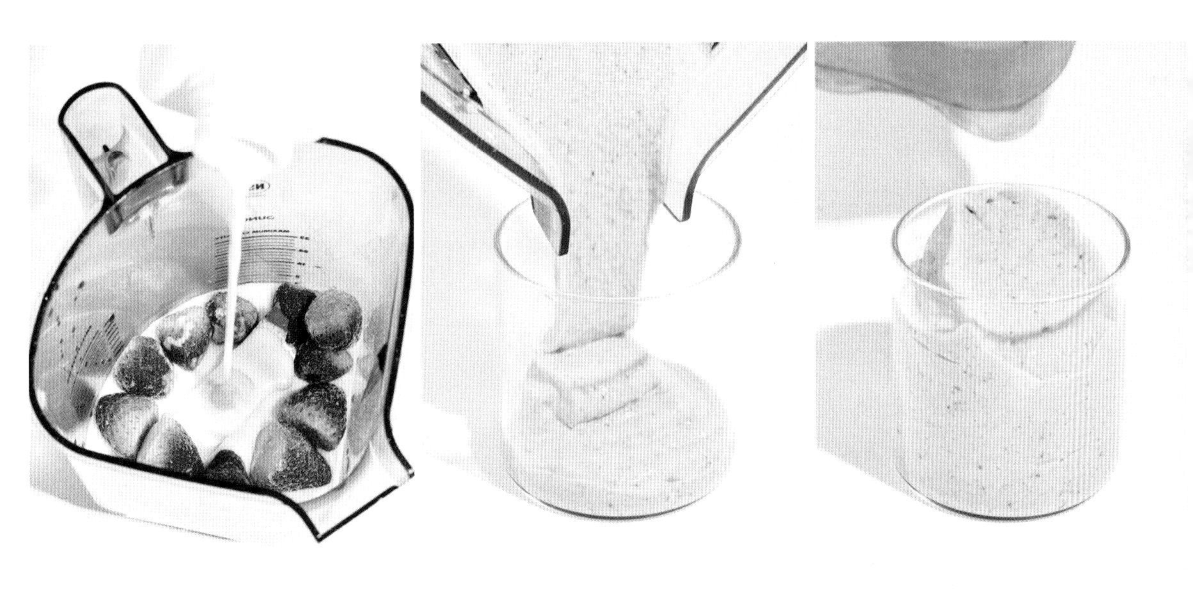

1.

블렌더에 냉동 딸기, 우유, 만능밀크장,
얼음을 넣고 갈아 스무디를 만든다.

2.

컵에 스무디를 담는다.

Sparkling / Tea

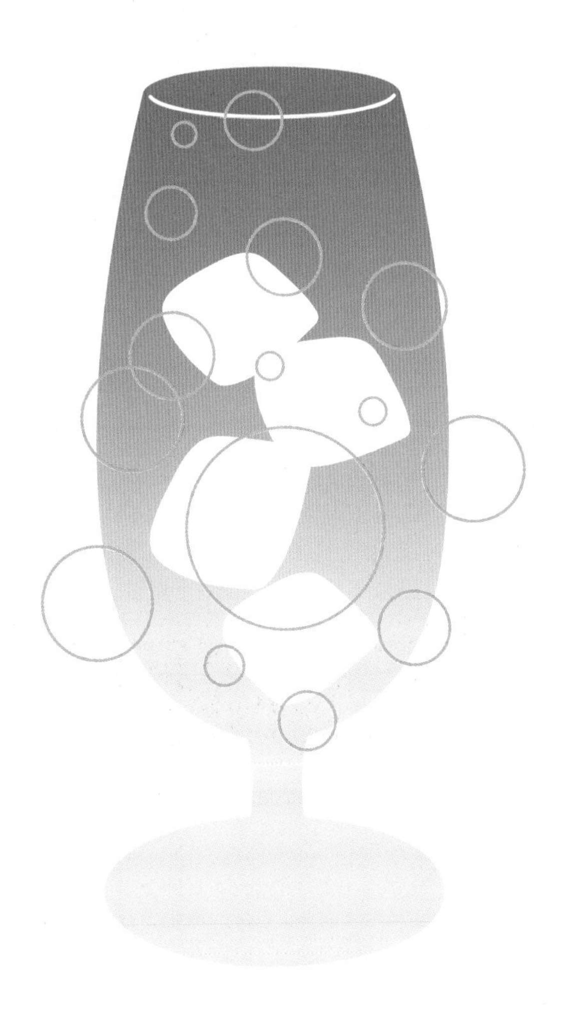

스파클링 / 티 음료

18

Strawberry Rosemary Ade

딸기 로즈마리 에이드

달콤하고 청량감 있는 딸기 에이드에 로즈마리나 바질을 추가해
허브의 은은한 향이 어우러진 색다른 맛으로 즐길 수 있는 독특한 에이드입니다.

POINT

- 생딸기를 구하기 힘든 시즌에 딸기 베이스로 만들기 좋은 메뉴 중 하나입니다.
- 에이드는 당이 잘 맞지 않으면 맛이 없고 싱겁게 느껴질 수 있으므로, 시럽으로 당을 조절하는 것이 중요합니다.
- 로즈마리 대신 바질과도 잘 어울리므로, 두 가지를 함께 넣거나 딸기 바질 에이드로 대체할 수 있습니다.

Ingredients

딸기 베이스★

딸기	150g
설탕	40g
레몬즙	10g

딸기 로즈마리 에이드

딸기 베이스★	100g
얼음	180g
탄산수	190g
로즈마리	1줄
시럽	10g

❖ 시럽은 설탕과 물을 1:1 비율로 녹여 사용한다.

Recipe

1.

딸기, 설탕, 레몬즙을 블렌더로 갈아 딸기 베이스를 만든다.

2.

컵에 딸기 베이스를 넣는다.

3.

얼음을 가득 넣는다.

- 생딸기를 구하기 힘든 경우 딜라잇가든 냉동 가당 딸기로 대체할 수 있다.
- 딸기 과육이 어느 정도 씹히는 질감을 원한다면 입자감이 있는 상태로 마무리하고, 과육이 씹히지 않는 깔끔한 질감을 원한다면 곱게 갈아 마무리한다.

ICE ONLY
480g (16oz)

4.

탄산수를 넣는다.

5.

로즈마리를 손바닥으로 두드려 향을 강하게 만든다.

● 로즈마리를 바질로 변경하면 딸기 바질 에이드가 된다.

6.

5와 시럽을 넣고 바스푼을 사용해 섞는다.

19

Very Berry Soda

Very berry 소다

딸기 베이스와 베리류가 조합된 메뉴.
딸기 베이스에 그레나딘 시럽이나 라즈베리, 블루베리 등의 베리류 시럽을 넣고,
냉동 베리나 건조 베리로 포인트를 준 음료입니다.

POINT

- 딸기와 베리류의 조합한 음료로, 딸기 시럽 대신 라즈베리, 그레나딘, 체리 등의 시럽을 사용해도 좋습니다.

- 다양한 베리류의 토핑과 허브를 생과일로 추가하여 비주얼이 좋은 음료로 만들 수 있습니다.

Ingredients

딸기청(딜라잇가든, 프룻스타)	35g
그레나딘 시럽	15g
얼음	180g
탄산수	190g
블루베리	4~5알
라즈베리	3~4알
레드커런트	5~6알

Recipe

1.

컵에 딸기청을 넣는다.

2.

그레나딘 시럽을 넣는다.

3.

얼음을 가득 넣는다.

ICE ONLY
480g (16oz)

4.

탄산수를 넣는다.

5.

블루베리, 라즈베리, 레드커런트를 넣는다.

6.

바스푼을 사용해 섞는다.

20

Strawberry Icecream Soda

딸기 아이스크림 소다

청량감 있는 딸기 에이드에 달콤한 딸기 아이스크림을 넣어
부드럽고 밀키하게 즐기는 소다 음료입니다.

POINT

- 아이스크림은 취향에 따라 선택합니다. 우유가 함유된 딸기 이이스크림도 좋고, 우유가 함유되지 않은 딸기 소르베도 좋습니다.
- 생딸기 시즌에는 생딸기를 에이드에 넣어 포인트를 주면 프레시한 느낌을 줄 수 있습니다.
- 아이스크림의 당도에 따라 당을 조절하세요.

Ingredients

라즈 퐁당(딜라잇가든, 프룻스타)	10g
딸기청(딜라잇가든, 프룻스타)	35g
시럽	15g
얼음	180g
탄산수	190g
딸기 아이스크림(나뚜루 스트로베리)	50g

❖ 시럽은 설탕과 물을 1:1 비율로 녹여 사용한다.

Recipe

1.

라즈 퐁당을 컵에 담고 컵을 돌려가며 가장자리에 묻힌다.

2.

딸기청을 넣는다.

3.

시럽을 넣는다.

ICE ONLY
480g (16oz)

4.

얼음을 가득 넣는다.

5.

탄산수를 넣는다.

6.

딸기 아이스크림을 올린다.

21

Strawberry Yakult Ade

딸기 요구르트 에이드

우리에게 익숙한 요구르트와 청량감 있는 탄산의 조합으로
맛있는 딸기 요구르트를 변형한 밀키한 음료입니다.

POINT

- 요구르트는 판매량에 따라 대용량으로 쉽게 구할 수 있으니, 판매 추이에 맞춰 선택해 사용합니다.
- 요구르트를 좋아하는 아이들이 많은 상권에서 특히 판매하기 좋은 메뉴입니다.
- 섞어서 제공하기보다는 투톤으로 분리해서 제공하는 것을 추천합니다.

Ingredients

딸기청 (딜라잇가든, 프룻스타)	15g
시럽	10g
얼음	180g
탄산수	190g
요구르트	120g

❖ 시럽은 설탕과 물을 1:1 비율로 녹여 사용한다.

Recipe

1.

컵에 딸기청과 시럽을 넣는다.

2.

얼음을 가득 넣는다.

3.

탄산수를 넣는다.

4.

요구르트를 넣는다.

22

Strawberry Milk Soda

딸기 밀크 소다

딸기 에이드와 우유의 조합으로 만들어진 메뉴.
과일과 사이다를 넣어 만든 화채를 변형한 음료로,
시원하고 청량감 있는 탄산과 부드러운 우유가 조화롭게 어우러집니다.

POINT

- 탄산수에 만능밀크장이나 우유를 추가하여 청량감 있는 소다에 부드러움을 더할 수 있습니다.
- 생딸기나 다른 과일을 넣어 화채처럼 즐길 수 있습니다.
- 볼이 있는 그릇에 담아 화채로 판매해도 좋습니다.

Ingredients

딸기청(딜라잇가든, 프룻스타)	35g
시럽	15g
딸기 슬라이스	50g
얼음	180g
탄산수	190g
만능밀크장(돌체마켓)	50g

❖ 시럽은 설탕과 물을 1:1 비율로 녹여 사용한다.

Recipe

1.

컵에 딸기청과 시럽을 넣는다.

2.

딸기 슬라이스를 넣는다.

3.

얼음을 가득 넣는다.

ICE ONLY
480g (16oz)

4.

탄산수를 넣는다.

5.

만능밀크장을 넣는다.

6.

바스푼을 사용해 섞는다.

23

Strawberry Iced Tea (Hibiscus, Black Tea)

딸기 아이스 티(히비스커스, 블랙 티)

딸기 베이스의 달콤함과 히비스커스 티의 새콤함,
딸기 베이스의 달콤함과 블랙 티의 묵직함이 잘 어우러지는 아이스 티입니다.

POINT

- 뜨거운 물에 추출한 티를 바로 붓기보다는, 칠링하여 티 베이스를 만들어 주어야 음료에 넣었을 때 빠르게 녹지 않습니다.
- 톤 분리가 되지 않는 음료로 제공할 때는 잘 저어서 제공해야 합니다.

딸기 히비스커스 티

Ingredients

칠링

하와이안 히비스커스 티백 (티 브리즈)	1개
뜨거운 물	100g
얼음A	100g

제조

만능딸기장(돌체마켓)	35g
딸기 시럽(1883)	15g
얼음B	180g

Recipe

1.

하와이안 히비스커스 티백에 뜨거운 물을 넣고 2~3분간 우린 후, 얼음A를 넣고 바스푼으로 빠르게 저어 칠링한다.

2.

컵에 만능딸기장을 넣는다.

3.

딸기 시럽을 넣는다.

ICE ONLY
480g (16oz)

4.

얼음B를 가득 넣는다.

5.

칠링한 1을 넣는다.

6.

건조 레몬이나 타임 줄기 등의
허브류 또는 히비스커스 등으로
마무리해도 좋다.

딸기 블랙 티

Ingredients

칠링

홍차 티백 (티 브리즈, 실론 블랙퍼스트)	1개
뜨거운 물	100g
얼음A	100g

제조

만능딸기장(돌체마켓)	35g
딸기 시럽(1883)	15g
얼음B	180g

Recipe

1.

홍차 티백에 뜨거운 물을 넣고 2~3분간 우린 후, 얼음A를 넣고 바스푼으로 빠르게 저어 칠링한다.

- 잉글리시 블랙퍼스트, 실론 블랙퍼스트 등 가향되지 않는 홍차를 사용한다.
- 사용하는 티백이나 음료의 종류에 따라 우리는 시간은 가감할 수 있다.

2.

컵에 만능딸기장을 넣는다.

3.

딸기 시럽을 넣는다.

ICE ONLY
480g (16oz)

4.

얼음B를 가득 넣는다.

5.

칠링한 1을 넣는다.

6.

건조 레몬이나 타임 줄기 등의
허브류 등으로 마무리해도 좋다.

라테

24

Strawberry Milk Tea

딸기 밀크 티

부드러운 밀크 티에 딸기를 넣어 상큼하게 즐길 수 있는 메뉴.
은은하고 향긋한 밀크 티에 상큼함이 더해진 독특한 음료입니다.

POINT

- 딸기와 같은 산이 들어간 베이스나 시럽을 우유와 힘께 사용할 때 우유의 뭉침 현상이 발생할 수 있습니다. 브랜드에 따라 다르므로, 이런 현상이 발생하면 저지방이나 무지방 우유를 사용합니다.

- 딸기 베이스뿐만 아니라 라즈베리나 석류 같은 시럽과도 잘 어울리는 메뉴입니다.

Ingredients

칠링

홍차 티백 (실론 블랙퍼스트)	1개
뜨거운 물	50g
우유	100g

제조

만능딸기장(돌체마켓)	35g
딸기 시럽(1883)	15g
얼음	180g

❖ 더 풍부한 맛을 위해 만능밀크장 20g을 추가해도 좋다.

Recipe

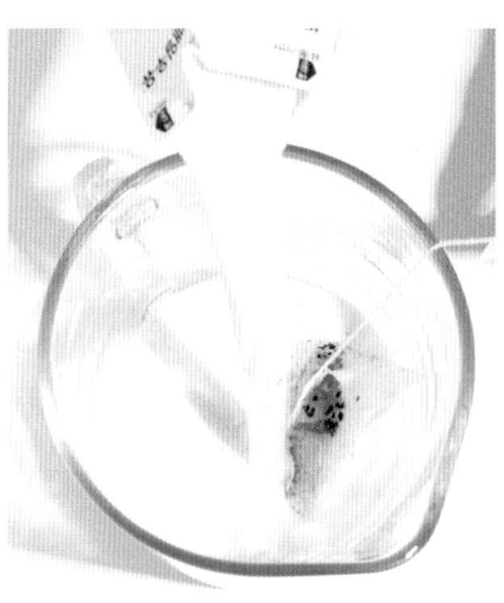

1.

홍차 티백에 뜨거운 물을 넣고 2~3분간 우린다.

- 잉글리시 블랙퍼스트, 실론 블랙퍼스트 등 가향되지 않는 홍차를 사용한다.
- 사용하는 티백이나 음료의 종류에 따라 우리는 시간은 가감할 수 있다.

2.

1에 차가운 우유를 넣어 칠링한다.

3.

컵에 만능딸기장을 넣는다.

4.

딸기 시럽을 넣는다.

5.

얼음을 가득 넣는다.

6.

2를 넣는다.

25

Strawberry and Matcha

딸기 말차

달콤한 딸기와 쌉싸름한 말차 라테의 조합으로 맛도 좋고
색과 비주얼로도 매력적인 음료입니다.

POINT

- 말차는 덩어리가 생기지 않게 잘 풀어 사용합니다.
- 층 분리가 되도록 베이스를 먼저 넣고 컵의 한쪽 면으로 말차 라테를 부어줍니다.
- 레드와 그린의 투톤으로 완성되는 음료이므로, 크리스마스 시즌 메뉴로 추천합니다.

Ingredients

말차 파우더 (돌체 마켓, 100% 제주 말차 파우더)	2g
뜨거운 물	20g
만능딸기장(돌체마켓)	20g
라즈 퐁당(딜라잇가든, 프룻 스타)	10g
얼음	180g
우유	150g

❖ 말차 파우더는 오셜록 말차 파우더, 슈퍼 말차 파우더 등으로 대체해도 좋습니다.

❖ 더 풍부한 맛을 위해 만능밀크장 20g을 추가해도 좋다.

Recipe

1.

컵에 말차 파우더와 뜨거운 물을 넣고 작은 거품기 또는 차선을 사용해 섞는다.

- 말차 파우더가 덩어리지지 않도록 충분히 푼다.
- 100% 말차 파우더는 입자가 매우 고와 차선으로 풀어주는 것이 좋다.

2.

컵에 만능딸기장과 라즈 퐁당을 넣는다.

3.

얼음을 가득 넣는다.

4.

우유를 넣는다.

5.

1을 넣는다.

6.

층이 분리되지 않도록
말차 부분만 섞어 제공한다.

26

Very Rich Vin Chaud

베리 리치 뱅쇼

추운 계절에 호호 불어 먹는 알코올이 들어가지 않은 베리에이션 티 메뉴.
향신료를 추가해 따뜻한 느낌을 주며 비주얼도 뛰어난 음료입니다.

POINT

- 히비스커스는 물에 우러나면서 강렬한 붉은빛을 내기 때문에 아이스 티나 에이드, 뱅쇼 등의 음료에 사용하기 좋은 재료입니다.
- 딸기 베이스에 알코올 없는 뱅쇼 시럽이나 베리류 시럽을 추가해도 좋습니다.
- 시나몬 스틱 외에도 팔각, 정향 등을 넣으면 더욱 풍미가 좋은 뱅쇼 티를 만들 수 있습니다.

Ingredients

만능딸기장(돌체마켓)	20g
딸기 시럽(1883)	20g
꿀	10g
하와이안 히비스커스 티백(티 브리즈)	1개
뜨거운 물	260g
시나몬 스틱	1개
건조 과일	2~3개
냉동 크랜베리	4~5알

❖ 건조 과일은 취향에 따라 선택한다.

Recipe

1.

컵에 만능딸기장을 넣는다.

2.

딸기 시럽, 꿀을 넣는다.

3.

하와이안 히비스커스 티백과
뜨거운 물을 넣는다.

4.

시나몬 스틱, 건조 과일, 냉동 크랜베리를 넣는다.

27

Strawberry Choux Cream Latte

딸기 슈크림 라테

달콤한 딸기 시럽과 은은한 바닐라 슈크림이 어우러진 딸기 슈크림 라테.
부드러움과 새로운 맛을 느낄 수 있는 음료입니다.

POINT

- 은은한 딸기의 맛과 슈크림의 달콤함이 특징인 메뉴입니다.
- 음료 위에 시중에 쉽게 구할 수 있는 파이류 과자를 토핑해 더 맛있게 즐길 수 있습니다.
- 에스프레소가 들어간 이 음료는 딸기 시즌에 커피 카테고리의 시즌 메뉴로 넣어도 좋습니다.

딸기 슈크림 라테 HOT

Ingredients

슈크림 베이스

생크림	50g
우유	20g
슈크림 파우더	10g

❖ 슈크림 파우더는 퓨라토스 크리미 비트 또는 빅트레인 슈크림 라테 파우더를 사용한다.

딸기 슈크림 라테(hot)

딸기 시럽(1883)	10g
에스프레소	40g
바닐라빈 시럽 (돌체 마켓, 라라)	20g
스팀 밀크	200g

Recipe

1.

생크림, 우유, 슈크림 파우더를 휘핑해 슈크림 베이스를 만든 후 짤주머니에 옮겨 담는다.

2.

컵에 딸기 시럽을 넣는다.

3.

에스프레소와 바닐라빈 시럽을 섞어 넣는다.

4.

스팀 밀크를 넣는다.

5.

슈크림 베이스를 약 30g 토핑한다.

- 시중에 쉽게 구할 수 있는 스틱 파이 과자를 부숴 토핑하면 더 맛있게 즐길 수 있다.

딸기 슈크림 라테 ICE

Ingredients

슈크림 베이스

생크림	50g
우유	20g
슈크림 파우더	10g

❖ 슈크림 파우더는 퓨라토스 크리미 비트 또는 빅트레인 슈크림 라테 파우더를 사용한다.

딸기 슈크림 라테(ice)

딸기 시럽(1883)	10g
얼음	180g
우유	160g
에스프레소	40g
바닐라빈 시럽 (돌체 마켓, 라라)	20g

Recipe

슈크림 베이스

딸기 슈크림 라테(ice)

1.

생크림, 우유, 슈크림 파우더를 휘핑해 슈크림 베이스를 만든 후 짤주머니에 옮겨 담는다.

2.

컵에 딸기 시럽을 넣는다.

3.

얼음을 가득 넣는다.

4.

우유를 넣는다.

5.

에스프레소와 바닐라빈 시럽을 섞어 넣는다.

6.

슈크림 베이스를 약 30g 토핑한다.

- 시중에 쉽게 구할 수 있는 스틱 파이 과자를 부숴 토핑하면 더 맛있게 즐길 수 있다.

28

Pink Berry Vanilla Latte

핑크 베리 바닐라 라테

달콤하고 부드러운 바닐라 라테와 딸기의 향긋함이 어우러진
핑크빛 바닐라 카푸치노입니다.

POINT

- 바닐라 라테에 딸기 시럽을 추가한 음료로, 우유를 넣을 때 뭉치는 현상이 발생하면 저지방 또는 무지방 우유를 사용합니다.
- 아이스 카푸치노는 우유 거품기에 넣어 곱게 거품을 내 사용하면 더 좋습니다.
- 투톤으로 분리하여 핑크색 라테로 판매해도 좋은 음료입니다.

핑크 베리 바닐라 라테 HOT

Ingredients

우유	200g
딸기 시럽(1883)	10g
에스프레소	40g
바닐라빈 시럽(돌체 마켓, 라라)	20g

Recipe

1.

우유, 딸기 시럽을 스티밍한다.

2.

컵에 에스프레소와 바닐라빈 시럽을 섞어 넣는다.

3.

1을 넣는다.

핑크 베리 바닐라 라테 ICE

Ingredients

우유	160g
딸기 시럽(1883)	10g
얼음	180g
에스프레소	40g
바닐라빈 시럽(돌체 마켓, 라라)	20g

Recipe

1.

카푸치노 우유 거품기에 우유, 딸기 시럽을 넣고 거품을 만든다.

2.

컵에 얼음을 가득 넣는다.

3.

1을 넣는다.

4.

에스프레소와 바닐라빈 시럽을 섞어 넣는다.

29

Dolce Strawberry

돌체 스트로베리

딸기 음료의 기본 메뉴 중 하나인 딸기 라테의 업그레이드 버전.
달콤함과 상큼함이 조화를 이루는 누구나 좋아하는 베이직한 메뉴입니다.

POINT

- 생딸기 시즌에는 생딸기로 베이스를 만들어 사용하고, 비시즌에는 기성품 딸기 베이스를 사용하는 것이 좋습니다.
- 생크림을 올리고 슈거파우더를 뿌려 음료에 부드러움을 더해줍니다.
- 젊은 층과 어린이가 있는 상권에 특히 적합합니다.

Ingredients

연유 크림

생크림	50g
연유	10g

생크림, 연유를 20초 이상 가볍게 휘핑한다.

- 휘핑의 정도는 5번 사진처럼 우유 위에 부었을 때 크림이 쌓였다가 평평해지는 정도가 적당하다.

돌체 스트로베리

만능딸기장(돌체마켓)	40g
라즈 퐁당 (딜라잇가든, 프룻스타)	10g
얼음	180g
우유	100g
만능밀크장(돌체마켓)	10g
슈거파우더	적당량

ICE ONLY
480g (16oz)

Recipe

1.

컵에 만능딸기장을 담는다.

2.

라즈 퐁당을 넣는다.

3.

얼음을 가득 넣는다.

4.

우유, 만능밀크장을 넣는다.

5.

연유 크림을 올린다.

6.

슈거파우더를 뿌린다.

Alcohol

알코올 음료

30

Strawberry Berry Champagne

딸기 베리 샴페인

샴페인에 건조 딸기를 절여 넣어 시각적인 비주얼과 함께
향긋한 딸기 향까지 느낄 수 있는 음료입니다.

POINT

- 건조 딸기와 라즈베리를 시럽에 절여 사용하면 모양이 잘 유지되어 음료의 토핑으로 사용하기에 좋습니다.
- 샴페인은 기포가 빠지지 않은 상태로 사용해야 청량감이 유지됩니다.
- 건조 과일과 딸기 시럽을 먼저 잔에 넣은 후, 샴페인을 부어줍니다.
- 샴페인 대신 에이드나 탄산음료에도 응용할 수 있습니다.

Ingredients

시럽	30g
동결건조 딸기(딜라잇가든)	2g
동결건조 라즈베리(딜라잇가든)	5g
라즈베리 절임	전량
딸기 시럽(1883)	5g
샴페인 (Zardetto, Prosesso Extra Dry)	100g

❖ 시럽은 설탕과 물을 1:1 비율로 녹여 사용한다.

❖ 라즈베리 절임은 동결건조 라즈베리 5g을 시럽 30g에 절인 것을 건져내 사용한다.

❖ 샴페인 종류는 취향에 따라 선택해도 좋다.

Recipe

1.

시럽에 동결건조 딸기,
동결건조 라즈베리,
라즈베리 절임을 넣고 불린다.

2.

샴페인 잔에 불린 1을 10g 건져 넣는다.

3.

딸기 시럽을 넣는다.

4.

샴페인을 넣는다.

LIME
40% ALC/VOL
IMPORTED

31

Strawberry Basil Highball

딸기 바질 하이볼

향긋하고 달콤한 딸기가 들어가는 이 하이볼은 시원한 청량감까지 느낄 수 있는 음료로, 관광지나 밤 늦게까지 운영하는 카페에서 매우 적합한 메뉴입니다.

POINT

- 딸기와 허브를 으깨어 사용해 맛과 향을 낸 메뉴입니다.
- 바질과 딸기는 향이 잘 어우러져 은은하고 매력적인 음료를 만드는 데 적합합니다.
- 단맛에 따라 토닉워터 대신 탄산수를 사용해도 좋습니다.

Ingredients

딸기	50g
1/8로 조각낸 레몬	2개
바질	2잎
얼음	150g
토닉워터	130g
건조 레몬	1개
로즈마리	1줄기
딸기 시럽(1883)	5g
라임 보드카(앱솔루트)	15g

Recipe

1.

컵에 딸기, 조각낸 레몬 1개, 바질을 넣고 머들러를 사용해 즙낸다.

2.

얼음을 가득 넣는다.

3.

토닉워터를 넣는다.

ICE ONLY
480g (16oz)

4.

건조 레몬과 로즈마리를 넣는다.

5.

남은 조각낸 레몬 1개를 즙 짜 넣는다.

6.

딸기 시럽과 라임 보드카를 넣는다.

32

Strawberry Cream Margarita

딸기 크림 마르가리타

딸기 마가리타는 라임 또는 레몬즙에 보드카가 곁들여진 독특한 음료입니다.
칵테일 잔 가장자리에 묻힌 소금과 함께하면 더욱 특별한 맛으로 즐길 수 있습니다.

POINT

- 산 가상자리에 라임이나 레본습을 충분히 묻혀야 소금이 잘 붙어 유지력이 좋아집니다.
- 셰이커에 얼음 2~3알 넣고 흔들면 거품이 생겨 더욱 풍성한 질감을 얻을 수 있습니다.
- 냉동 라즈베리를 추가할 경우, 강하게 쉐이킹하여 과육이 잘 부서지도록 하는 것이 좋습니다.

Ingredients

1/8로 조각낸 레몬	1개
소금	적당량
레몬즙(솔리드)	20g
얼음	80g
딸기 시럽(1883)	10g
시럽	15g
냉동 라즈베리	10g
라임 보드카(앱솔루트)	20g

❖ 시럽은 설탕과 물을 1:1 비율로 녹여 사용한다.

Recipe

1.

칵테일 잔을 돌려가며
컵 가장자리에 조각낸 레몬으로
즙을 바른다.

● 라임즙으로 대체 가능하다.

2.

레몬즙을 바른 컵 가장자리에 소금을
돌려가며 묻힌다.

3.

셰이커에 레몬즙, 얼음, 딸기 시럽,
냉동 라즈베리, 라임 보드카를 넣는다.

4.

셰이커 뚜껑을 닫고 충분히 흔들어 섞는다.

5.

칵테일 잔에 넣는다.

『더 에센셜』의 POINT!

상권과 평수에 맞춘 운영 가이드를 제시하고, **메뉴판 구성 예시**를 통해 실용적인 설명을 제공합니다.

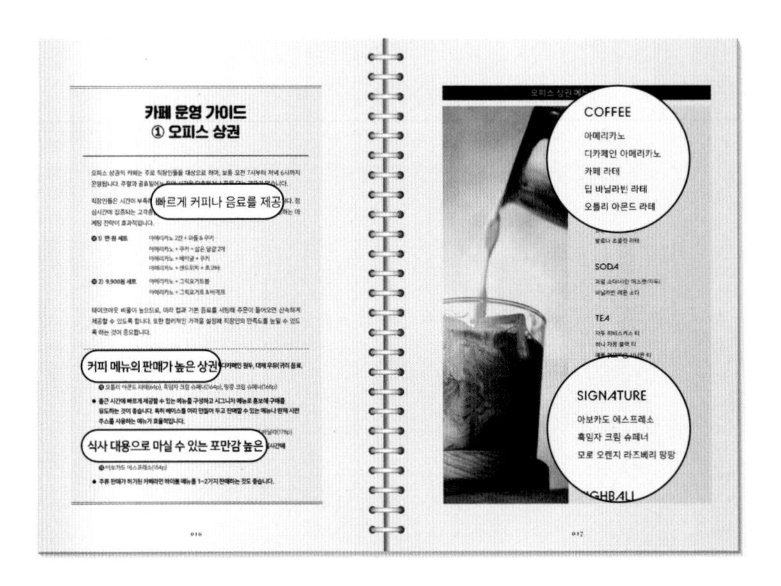

단순한 레시피 제공을 넘어서, 가게만의 개성을 담은 음료를 만들 수 있도록 **필수 음료와 시그니처 음료의 비율과 개발 방법**을 구체적으로 다루며, 카페 운영에 **실질적인 팁**을 담았습니다.

직접 과일 청을 끓이고 시럽을 만드는 것도 물론 좋지만, **잘 만들어진 제품**을 골라 똑똑하게 활용해 **시간과 비용(인건비)을 절약**하는 동시에 고객에게는 **임팩트 있는 맛을 전달**하는 것 또한 중요합니다.

이 책에서는 카페용 기성 제품을 적극적으로 활용합니다. (물론 베이스나 시럽을 직접 만드는 방법도 함께 설명해 독자가 직접 비교해보고 선택할 수 있게 설명합니다.)

이 책은 **누구나 쉽게 따라 할 수 있도록 구성되어 음료를 테스트하고 다양하게 활용**할 수 있습니다. 카페 운영자, 창업 준비자, 홈카페 애호가 모두에게 유의미한 자료가 될 것입니다.

더테이블
BAKING & COOK BOOKS

다쿠아즈
장은영 지음 | 168p | 16,000원

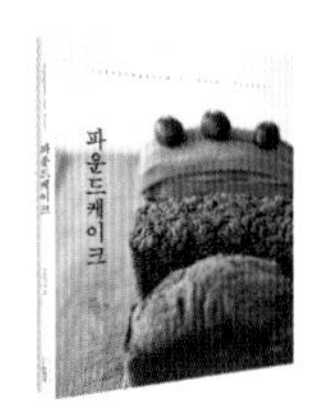

파운드케이크
장은영 지음 | 196p | 19,000원

보틀 디저트
장은영 지음 | 200p | 28,000원

낭만브레드 식빵
이미영 지음 | 224p | 22,000원

콩맘의 케이크 다이어리
정하연 지음 | 328p | 28,000원

콩맘의 케이크 다이어리 2
정하연 지음 | 304p | 36,000원

CHOCOLATE
이민지 지음 | 216p | 24,000원

마망갸또 캐러멜 디저트
피윤정 지음 | 304p | 37,000원

에클레어 바이 가루하루
윤은영 지음 | 280p | 38,000원

타르트 바이 가루하루
윤은영 지음 | 320p | 42,000원

데커레이션 바이 가루하루
윤은영 지음 | 320p | 44,000원

트래블 케이크 바이 가루하루
윤은영 지음 | 368p | 48,000원

프랑스 향토 과자
김다은 지음 | 360p | 29,000원

레꼴케이쿠 쿠키 북/ 플랑 & 파이 북/ 컵케이크 & 머핀 북
김다은 지음 | 216p, 264p, 248p | 24,000원, 26,000원, 25,000원

플레이팅 디저트
이은지 지음 | 192p | 32,000원

어니스트 브레드
윤연중 지음 | 360p | 32,000원

강정이 넘치는 집 한식 디저트
황용택 지음 | 232p | 24,000원

슈라즈 롤케이크 & 쇼트케이크
박지현 지음 | 328p | 28,000원

슈라즈 에그 타르트
박지현 지음 | 120p | 26,000원

파티스리: 더 베이직
김동석 지음 | 352p | 42,000원

나만의 디저트 레시피를
구상하는 방법
김동석 지음 | 656p | 59,000원

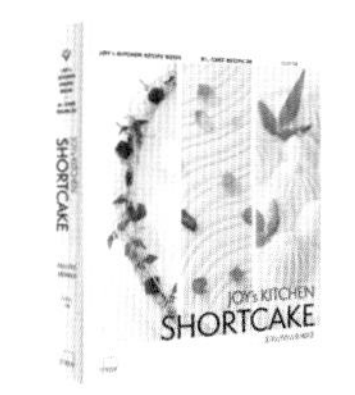

조이스키친 쇼트케이크
조은이 지음 | 368p | 38,000원

페이스트리 테이블
박성채 지음 | 256p | 32,000원

효창동 우스블랑
김영수 지음 | 176p | 26,000원

식탁 위의 작은 순간들
박준우 지음 | 320p | 38,000원

집에서 운영하는 작은 빵집
김진호 지음 | 296p | 33,000원

젤라또, 소르베또,
그라니따, 콜드 디저트
유시연 지음 | 264p | 38,000원

포카치아
홍상기 지음 | 304p | 42,000원

오늘의 소금빵
부인환 지음 | 136p | 22,000원

테디뵈르하우스
비엔누아즈리 북
김동윤 지음 | 208p | 36,000원

쌤쌤쌤 쿡 북
김훈, 이민직 지음 | 152p | 28,000원

더 스위트 시즌
여윤형 지음 | 332p | 38,000원

더 에센셜
고아라 지음 | 208p | 28,000원

이 책에서 사용한 기성 제품들

바닐라빈 시럽
(돌체마켓, 라라 바닐라빈 시럽)
사용한 음료: 슈퍼맨(82p), 딸기 슈크림 라테(132p), 핑크 베리 바닐라 라테(138p)

라임 보드카(앱솔루트)
사용한 음료: 딸기 크림 마르가리타(158p)

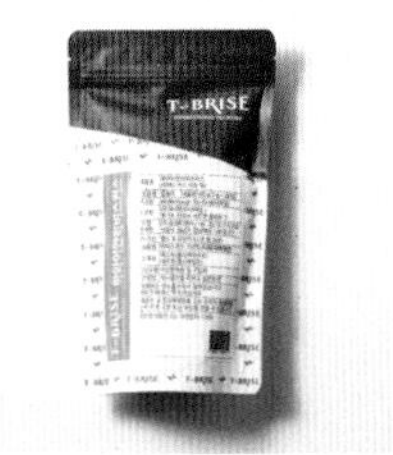

티 브리즈 티백
사용한 음료: 딸기 히비스커스 티(116p), 딸기 블랙 티(118p), 딸기 밀크 티(120p), 베리 리치 뱅쇼(128p)

만능밀크장(돌체마켓)
사용한 음료: 돌체 딸기 스무디(86p), 딸기 밀크 소다(108p), 돌체 스트로베리(144p)

만능딸기장(돌체마켓)
사용한 음료: 딸기 히비스커스 티(116p), 딸기 블랙 티(118p), 딸기 밀크 티(120p), 딸기 말차(124p), 베리 리치 뱅쇼(128p), 돌체 스트로베리(144p)

코코넛 밀크
(허니트리, 비코 리치)
사용한 음료: 코코코 딸기(38p)

라즈 퐁당(딜라잇가든 프룻스타)
사용한 음료: 베리베리 라테(18p), 딸기 스파클(34p), 생딸기 치즈 그릭 요거트(50p), 딸기 오레초코 스무디(64p), 딸기 요거트 블랜디드(74p), 딸잼 크럼블(78p), 슈퍼맨(82p), 딸기 아이스크림 소(100p), 딸기 말차(124p), 돌체 스트로베리(144p)

드링킹 요거트(동원, 덴마크 드링킹 요구르트)
사용한 음료: 생딸기 드링킹 요거트(46p)

요구르트
(곰곰, 온가족 요구르트)
사용한 음료: 딸기 요구르트 에이드(104p)

나뚜루 스트로베리
사용한 음료: 생딸기 밀크 파르페(42p), 딸기 아이스크림 소다(100p)

딸기청(딜라잇가든, 프룻스타)
사용한 음료: 딸기 오레오 초코 스무디(64p), Very berry 소다(96p), 딸기 아이스크림 소다(100p), 딸기 요구르트 에이드(104p), 딸기 밀크 소다(108p)

냉동 아보카도(딜라잇가든)
사용한 음료: 아보카도 베리베리(26p)

스위스미스 코코아 믹스
사용한 음료: 딸기 오레오 초코 스무디(64p), 딸기 핫 & 아이스 초콜릿(68p)

리고 땅콩버터
사용한 음료: 생딸기 아사이볼(54p)

탄산수(일화 초정)
사용한 음료: 딸기 스파클링(34p), 딸기 로즈마리 에이드(92p), Very berry 소다(96p), 딸기 아이스크림 소다(100p), 딸기 요구르트 에이드(104p), 딸기 밀크 소다(108p)